日常生活篇

哇，科学有故事！

装扮的故事

[韩] 权恩雅 / 文　[韩] 元慧珍 / 绘　千太阳 / 译

人民东方出版传媒
People's Oriental Publishing & Media
东方出版社
The Oriental Press

目录

斯皮克曼老师，怎样才能让头发卷起来呢？

古埃及的女人们非常热衷于打扮。早在埃及艳后所处的那个时代，人们就已经摸索出制作卷发的方法。数千年后，我终于找出了能够更轻易地改变发型的方法。

生活在数千年前的古埃及女人们经常会在洗完澡后，在身体上涂抹香香的精油，然后花费大量时间化妆。大家可以回想一下埃及艳后——克利奥帕特拉的样子。

脑海中是不是浮现出她画着深色眼影的模样？

这说明艳后早就知道该如何把自己打扮得美艳动人。不仅如此，古埃及的女人们还懂得如何将直发弄成卷发，就如现在的烫发一样。

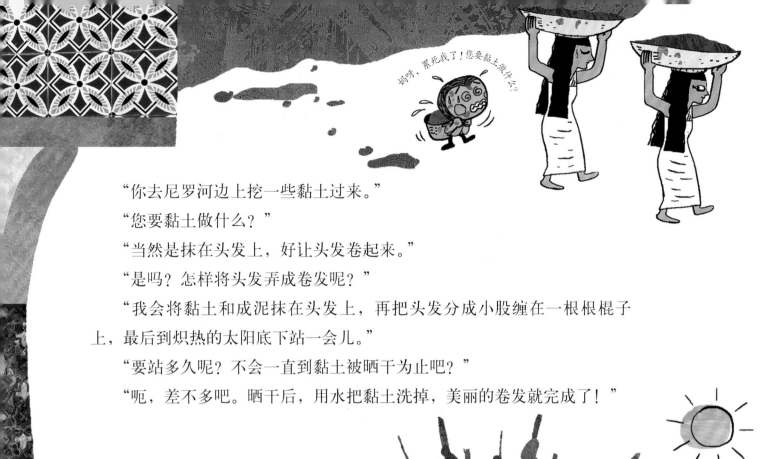

"你去尼罗河边上挖一些黏土过来。"

"您要黏土做什么？"

"当然是抹在头发上，好让头发卷起来。"

"是吗？怎样将头发弄成卷发呢？"

"我会将黏土和成泥抹在头发上，再把头发分成小股缠在一根根棍子上，最后到炽热的太阳底下站一会儿。"

"要站多久呢？不会一直到黏土被晒干为止吧？"

"呃，差不多吧。晒干后，用水把黏土洗掉，美丽的卷发就完成了！"

此外，欧洲的女人们也喜欢将自己的头发弄卷。不过，她们不用坐在太阳底下暴晒，而是使用烧热的火钳。这样卷出来的头发，虽然效果要比以前更好，但依然很快就会复原。

在此基础上，人们不断改进，终于发明出可以让卷发保持很长时间的方法。

1905 年，德国美发师奈斯勒发明了电热烫发机。

纽约
掀起"奈斯勒烫发"热

纽约日报

这是一种用高温烫发的方法。

首先，用很多内含电加热棒的圆筒工具将头发卷起来，再在头发上涂抹药水，然后对头发进行长时间加热。

为了防止烫伤，加热前要将卷好的头发像吊灯一样提到头顶固定起来。

这种方法需要花费很长时间，而且价格也非常昂贵。

既然有利用高温的烫发方法，那有没有不需要高温的烫发方法呢？

1936 年，英国科学家斯皮克曼发明了一种不需要高温的烫发方法——冷烫。

当时，人们发现羊毛做的衣服容易缩水。本来柔软的羊毛衣物在清洗后会变成硬邦邦的，同时又短又小。斯皮克曼一直在研究防止羊毛衣物缩水的方法。

羊毛纤维由蛋白质链组成。斯皮克曼发现若是使用药品将这些蛋白质链之间的连接断开，然后再将它们用新的方式连接起来，就可以让羊毛衣物保持柔软，不易缩水了。

然而，制衣工厂并没有采纳这种方法。

"我们需要快速制作出大量的衣服，你说的这个方法需要花费的时间太多了！"

不过，他的方法却引起了美发师们的关注。

"要是能用来烫发一定很不错。"

原本为防止羊毛衣物变硬而发明出来的方法就这样被用在烫发中。

7

　　斯皮克曼发明的烫发方法改变了每根头发丝的组织结构,从而将头发弄成弯弯曲曲的。

　　用这种方法烫发首先要在头发上涂上碱性药水,断开发丝蛋白质链之间的连接,清洗后将头发卷成想要的样子,然后涂上酸性药水重新将错位的蛋白质链连接起来。这样弄出来的卷发会保持很长时间。

　　显然,这种方法比高温烫发更安全,花费的时间也更短。

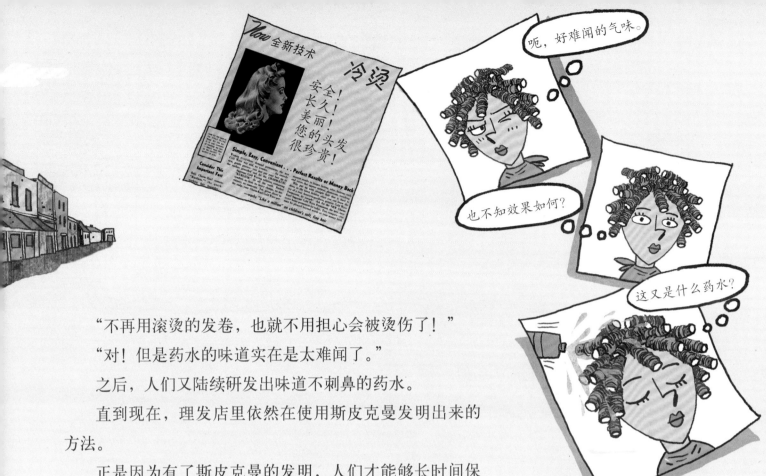

"不再用滚烫的发卷，也就不用担心会被烫伤了！"
"对！但是药水的味道实在是太难闻了。"
之后，人们又陆续研发出味道不刺鼻的药水。
直到现在，理发店里依然在使用斯皮克曼发明出来的方法。
正是因为有了斯皮克曼的发明，人们才能够长时间保持弯弯曲曲的漂亮卷发。

中和反应

让弯弯曲曲的发丝保持很长时间所利用的就是中和反应的原理。溶液可以分为碱性溶液、酸性溶液及中性溶液。中和反应是指碱性溶液和酸性溶液相遇，从而令它们失去原有性质的过程。

 烫发利用的是中和反应的原理。

我的头发是不是很漂亮？

可是为什么烫发后头发丝就会变得弯弯曲曲？

里面的原理，让我来告诉你吧。

哟，头发烫得挺不错嘛。

嗖—

如果将发丝放大，你会发现它是由无数条蛋白质链连在一起组成的。

蛋白质 蛋白质 蛋白质 蛋白质 蛋白质

中和反应在日常生活中的应用。

现代新女性从"头"做起

    从20世纪20年代开始，韩国女性的地位渐渐提高。相比之前，她们能够接受教育的机会增多，还拥有了一些属于自己的职业。像韩国歌唱家尹心德一样，接受这个时期的新教育、积极参与社会活动的女性，人们称她们为"现代新女性"。现代新女性渴望别人视自己为独立的人，而不是某人的夫人，或者是某某的母亲。在当时，由于长期受到根深蒂固的"男尊女卑"思想的影响，女性往往很难得到像男性一样的认可和尊重。

    后来，现代新女性还引发了一些新潮流。例如，最初现代新女性当中比较流行的是一种将刘海梳到头顶的发型。之后，她们当中又开始流行短发和烫发。尤其是朝鲜著名舞蹈家崔承喜的短发就很受现代新女性的喜爱。因为当时大部分女性还保留着传统编发或绾发，所以仅仅是将头发剪短或烫卷就会被当成现代新女性的典范。到了现在，任何人都可以随心所欲地改变发型。不仅如此，就像现代新女性曾经期盼的一样，女人们早已过上了为自己做主的人生。

曾代表现代新女性的歌唱家——尹心德

博士伦公司，能不能做一种不刺眼的眼镜？

在古罗马，为了防止阳光刺伤眼睛，人们曾使用一些带有颜色的宝石观看比赛。在北宋末期，为了不让别人看穿自己的想法，县官们曾佩戴过黑色的眼镜。后来，我们公司在镜片中添加颜色，制作出一种既可以防止阳光刺眼又可以增添魅力的眼镜。

阳光真刺眼。

古时候，罗马帝国的尼禄皇帝曾使用祖母绿宝石观看角斗士们的决斗。

在露天观看角斗士决斗时，强烈的阳光会刺得人睁不开眼。为了保护眼睛不受阳光的伤害，尼禄皇帝就将祖母绿宝石贴在眼睛上观看比赛。

很好，表现得都很不错！

最早佩戴彩色眼镜的人是中国北宋时期的一位县官。

据说，每次升堂问案，这位县官都很害怕与犯人对视。

"每次都有那么多人盯着我做出判决！只要一想到要在众目睽睽之下做出最公正的判决，我就会忍不住紧张起来。如果被人们瞧见我紧张的样子，说不定还会怀疑判决的公正性。有没有什么办法可以隐藏我的情绪呢？"

啊，好紧张。有没有办法可以防止别人看破我的情绪呢？

扑通扑通

扑通扑通

于是，为了不让别人猜出自己的心思，这个县官决定升堂时想办法遮挡一下自己的
眼睛。最终，他决定戴上一副半透明的黑色水晶眼镜。

戴上特制眼镜后，他的心态一下子就安稳了不少。

"呼，这下心情踏实多了。接下来，我就能从容地审案了。"

意想不到的是，看到判官戴着黑色眼镜审问，跪在堂前的犯人则变得提心吊胆起来，
更不敢说谎了。

"无法判断判官的想法，莫非我说谎的事情被他看破了？"

这个时期使用彩色眼镜更多是为了隐藏情绪，而不是遮挡阳光。

后来，这种彩色眼镜传入欧洲。不过，欧洲人用烟熏过的透明镜片代替了原来的黑色水晶。传闻这种做法也是源于中国。当时，还有很多欧洲人被传言误导，以至于认为戴彩色眼镜可以提高视力。

彩色眼镜像现在这样作为配饰使用，是很多年以后的事情了。到了 20 世纪 20 年代，随着美国演员经常在电影中佩戴彩色眼镜，彩色眼镜才慢慢流行起来。彩色眼镜不仅戴着好看，还能在华丽的舞台灯光下保护眼睛。

20 世纪 20 年代，常在天空中驾驶战斗机飞翔的驾驶员们有着一个共同的烦恼。

"啊，每天都要在天空中面对刺眼的阳光，眼睛比身体更容易疲惫！"

"我也曾因阳光太过刺眼而恶心得差点儿晕倒。如果在飞行途中出现这样的情况，说不定会威胁到生命。难道就没有什么解决的办法吗？"

1923 年，一位美国空军中尉委托博士伦公司为战斗机驾驶员们定制专业的飞行员眼镜。

博士伦公司的研究员们不断研究可以阻挡高空强烈的太阳光线的方法。

经过反复实验后，他们最终发现绿色的镜片能够很好地阻挡阳光。于是，他们就用这种镜片为飞行员们制作了眼镜。

1930 年，世界上第一副太阳镜终于诞生了，取名为"雷朋（Ray-Ban）"。雷朋的英文名称含有"阻挡太阳光"的意思。

　　博士伦公司为飞行员研发的绿色眼镜不仅解决了太阳光刺眼的问题，还阻挡了阳光中有害的紫外线。

　　后来，人们又为彩色眼镜增添了各种功能。

　　"海边沙滩反射的阳光比一般的阳光更刺眼，能不能阻挡这种刺眼的阳光，保护我的眼睛不受损伤呢？"

　　最终，这个问题靠能阻挡反射光线的偏光镜片得到了解决。发明这种镜片的人是美国一位名叫兰德的发明家。

"有没有戴起来更好看的眼镜呢？"

从事时尚行业的人们争先恐后地设计出了各种好看的眼镜。人们戴着颜色及形状各异的眼镜，自豪地走在大街上。

如今，普罗大众即使不从事电影演员或飞行员等职业，也会选择佩戴彩色眼镜。因为彩色眼镜不仅能够保护我们的眼睛免受阳光的伤害，还能令我们看上去更帅、更酷。

光的直射和反射

在同一介质中，光具有沿着直线传播的性质，我们称这种现象为"光的直射"。在遇到另一种物质表面时，直射光会改变传播方向，反射回去，我们称这种现象为"光的反射"。太阳镜可以吸收、反射光线，从而减少进入眼睛的光量。

 给镜片添加颜色，可以减少进入眼睛的光量。

啊，好刺眼。

这样的天气最适合撑太阳伞。

嘿嘿，可惜没有太阳镜时髦。

哇，真酷啊！可是为什么戴上太阳镜后，阳光就不刺眼了呢？

嗯

光在遇到物体后，通常会改变方向反射出去。

直射

反射

镜子

是这样吧？

但眼镜与镜子不同，它能让光射进来。

我看不到东西了！

在镜片中添加颜色后，镜片会吸收一部分光，从而减少进入眼中的光量。

只让特定方向的光通过的镜片，可以减少进入眼睛的光量。

 给镜片添加镜子涂层，可以减少进入眼睛的光量。

23

美丽的花窗玻璃

　　添加了颜色的玻璃不仅可以用来制作保护眼睛的镜片，还一直被人们当作装饰建筑物的美丽艺术品使用。

　　这种用彩色玻璃制作的装饰品被称为"花窗玻璃"。简单来说，就是用一些彩色玻璃拼成图案来代替整块的普通玻璃，从而起到装饰建筑物窗户的作用。7世纪时，一些伊斯兰建筑中开始使用花窗玻璃。到了11世纪时，窗花玻璃传入欧洲，开始用在教会的建筑物上。

　　花窗玻璃的制造方式要么是用掺入颜色的彩色玻璃拼出图案，要么是在普通的玻璃上用鲜艳的颜料进行绘制。在玻璃上作画时，人们往往会使用一种褐色的搪瓷釉，所画的内容大都以一些宗教故事为主。

　　占据教堂一整面墙壁的花窗玻璃与其说是窗户，倒不如说是一幅美丽的壁画。当阳光通过花窗玻璃照射进来时，那五颜六色的光芒不但看起来绚丽缤纷，还能营造出一种神秘的氛围。

装饰教堂墙壁的花窗玻璃

卡罗瑟斯老师，有没有不容易被撕破的结实面料呢？

远古时期，人们只能用野兽的皮毛和植物的叶子来制作衣服穿在身上。后来，人们学会从棉花和羊毛中提取出纤维，然后用这些纤维来制作衣服。总之，那时候，人们想要制作衣服，就只能从大自然中获取材料。我将一些物质混合在一起，研制出一种独一无二的结实纤维，改变了这一切。

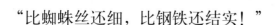

"比蜘蛛丝还细，比钢铁还结实！"

1939 年，纽约世界博览会上，两名女性正在卖力撕扯着一条丝袜。

"她们在干什么？"

看热闹的人渐渐围了过来。原来这两名女性正在向大家展示，用新型纤维织出来的薄丝袜韧性有多强。

"天啊，看起来挺薄的，怎么会这么结实！"

"是啊。即使拼命拉扯，也只是被拉长，而没有被撕破。这到底是用什么织出来的呢？"

这种丝袜是用一种叫尼龙的丝线织出来的。尼龙是美国化学家华莱士·卡罗瑟斯在实验室中研发出来的一种新型纤维，这种人工合成的纤维被称作"合成纤维"。

在合成纤维面世之前，人们主要用从动植物身上获取的天然纤维来制作衣物。然而，随着工业的发展及人口的增多，买衣服的人变得越来越多。这就使得工厂对面料的需求大大增加。

于是，人们开始尝试研发各种新型面料。

　　卡罗瑟斯起初在大学里做研究，同时给学生们上课。后来，他离开大学，到美国的化学公司——杜邦公司任职。杜邦公司向卡罗瑟斯提出了这样的请求："您能用石油或煤炭研制出一种纤维吗？"

　　居然会要求他从石油或煤炭中提取出纤维？莫非当他是一位魔术师不成？然而，卡罗瑟斯最终还是完成了这个看起来有些不可思议的委托。

　　起初，他的研究并不是很顺利。他虽然研制出一些新的材料，但是没办法使其维持丝线的状态。

不过有一天，卡罗瑟斯和同一个研究室的研究员经历了一件神奇的事情。

那名研究员将玻璃棒伸进装有新物质的试管中搅动了几下，然后将玻璃棒向上提起，结果发现这种物质变成丝线一样细长的状态。得到灵感的卡罗瑟斯，马上用自己研制出来的新物质重复了相同的动作。

惊人的事情发生了。

"快看！细长的线被带了出来！"

就这样，最初的合成纤维——尼龙问世了！

最初，杜邦公司用新发明的尼龙制作了牙刷。但是人们对此并不是很感兴趣。

就在这时，杜邦公司得知用蚕丝制作成的丝袜很脆弱的消息。

"我们可以尝试用尼龙制作丝袜。"

而这一次，他们的产品引起了极大的关注。尤其那些想要拥有结实丝袜的女人，更是对它趋之若鹜。据说，百货商店第一次销售尼龙丝袜时，门前的长队望不到头。

后来，市面上还出现了用尼龙制作的衣服。尼龙不仅比天然纤维轻盈，还结实耐用，不易变形。这种新型纤维的登场让人们赞不绝口。

自从卡罗瑟斯发明尼龙之后，科学家们又陆续发明出很多新型合成纤维。

如今，除了我们身上所穿的衣服之外，各种功能性产品和宇航服等物品中都会用到合成纤维。

天是什么特的日子吗？

合成纤维

合成纤维是指一种以煤炭、石油等作为原料，在实验室里合成出来的纤维。它与从棉花、羊毛、麻、蚕丝等天然物质中提取的天然纤维有着很大的区别。最早研制出来的合成纤维是尼龙。

 尼龙是一种用石油提取物制成的合成纤维。

通过聚合反应，制造出具备各种功能的合成纤维。

这是一种通过聚合丙烯酸得到的合成纤维，具有像羊毛一样保暖的特性。

什么是阿克力？

每种合成纤维的特性都不一样吗？

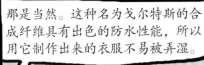

那是当然。这种名为戈尔特斯的合成纤维具有出色的防水性能，所以用它制作出来的衣服不易被弄湿。

这种叫氨纶的合成纤维拥有比橡胶更强的弹性。

拉伸

这种防火布在500摄氏度的高温下也不会被点燃。

合成纤维虽然大都拥有非常出色的性能，给我们带来很大的便利，但由于不容易降解，所以会引发各种环境问题。

地球该怎么办？

我来告诉你该怎么做吧。第一，需要多少就生产多少！

第二，重复利用，减少浪费！

知道了，博士！

朝鲜纺织业的发展史

　　用尼龙制作的丝袜比棉质丝袜和蚕丝丝袜更薄、更透明、更结实，所以深受人们的喜爱。在尼龙这样的合成纤维面世之前，人们都是动手织布来做衣服穿的。

　　纺织的历史非常悠久，历史文献中就有记载。早在三国时期，朝鲜就有麻布、苎（zhù）麻布、丝绸等织物。在3世纪时，新罗（原朝鲜半岛上的国家之一）国王举办过长达一个月的织布比赛。他将全城妇女分成两组，从7月16日开始，在两名公主的带领下进行织布比赛。哪个组织的布又多又好，哪个组就胜出。比赛中输掉的一方要用酒宴和舞蹈来招待获胜的一方，然后大家一起尽情地娱乐。据说，韩国的秋夕节就始于织布比赛。

　　鼓励纺织的传统一直在延续，以至到了朝鲜王朝时期，还出现过一个叫蚕房的官府机构。这个机构主要负责种植桑树和养蚕，以及管理纺织工作。听说那时候，朝鲜王妃还曾亲自织布，给大家树立榜样。由此可见，当初朝鲜之所以鼓励发展纺织业，就是因为相信养蚕和织布与其他农业活动一样，能够让百姓们过上更好的生活。

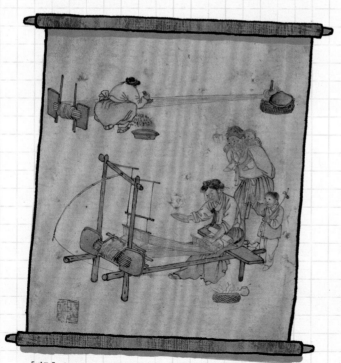

［朝］金弘道《织布》

从头到脚都
穿戴尖端
技术装备

进入现代后，利用尖端技术制作出来的服饰和美容产品种类不断增多。上至美容美发产品，下至衣服鞋袜，装扮类产品越来越多样化。人们对便利、健康及个性的追求是各个企业研发新产品的原动力。

利用生物技术制造出来的化妆品

如今用来将脸蛋打扮得美美的化妆品中，也开始出现一些添加了天然成分的产品。不过，说到最好的化妆品，还要属利用生物技术制造出来的化妆品。由于直接从植物中提取化妆品原料，这些化妆品对人体的危害很小。不仅如此，有些企业还会提前往植物培养液中加入对皮肤有益的成分，然后待植物长成后用来制成化妆品。

利用大米制作的
生物化妆品

内置形状记忆合金弹簧的衣服

如果一件衣服能在温暖的室内变成薄薄的衬衫，而到了寒冷的室外又能变成厚厚的夹克，想来一定会很方便吧？若是在布料中内置经过特殊处理、可以记忆形状的合金弹簧，那这种愿望就不难实现了。只在寒冷的环境中才会膨胀的记忆合金弹簧，在遇冷时外衬与内胆间形成空气层，从而起到抵御寒冷的作用。与此相反，若是让它记忆高温时的形状，再运用到消防服中，它就能起到非常出色的隔热作用。

隔热的消防服

穿戴含有尖端科技的智能时尚装扮

在女性内衣中加入尖端技术，就可以掌握乳房的健康状态，减少患乳腺癌的概率。另外，因腹部肥胖而担忧健康的人则可以穿戴装有传感器的智能腰带，然后通过智能手机随时了解腰围和行走步数、消耗的热量等信息。首饰中也将使用尖端技术。据说，根据心情改变颜色的戒指正在研发当中。

可穿戴的计算机——智能手表

不断改进的人工智能鞋子

气垫运动鞋的底部装有气垫，能够减少冲击，在运动中起到保护双脚的作用。据说，更尖端的人工智能鞋还能够根据体重和脚掌接触地面的状态，改变气垫的软硬度。相信在不久的将来，这种人工智能鞋将逐渐配备查询运动量、帮助管理身体健康等各种神奇功能。

人工智能运动鞋

图字：01-2019-6048

图书在版编目（CIP）数据

装扮的故事 /（韩）权恩雅文；（韩）元慧珍绘；千太阳译 . — 北京：东方出版社，2021.4
（哇，科学有故事！.第三辑，日常生活·尖端科技）
ISBN 978-7-5207-1483-9

Ⅰ.①装… Ⅱ.①权… ②元… ③千… Ⅲ.①科学知识—青少年读物 Ⅳ.① Z228.2

中国版本图书馆 CIP 数据核字（2020）第 038654 号

哇，科学有故事！日常生活篇·装扮的故事
（WA，KEXUE YOU GUSHI! RICHANG SHENGHUOPIAN·ZHUANGBAN DE GUSHI）

作　　者：［韩］权恩雅 / 文　［韩］元慧珍 / 绘
译　　者：千太阳

策划编辑：鲁艳芳　杨朝霞
责任编辑：金　琪　杨朝霞
出　　版：東方出版社
发　　行：人民东方出版传媒有限公司
地　　址：北京市西城区北三环中路6号
邮　　编：100120
印　　刷：北京彩和坊印刷有限公司
版　　次：2021年4月第1版
印　　次：2021年4月北京第1次印刷
开　　本：820毫米×950毫米　1/12
印　　张：4
字　　数：20千字
书　　号：ISBN 978-7-5207-1483-9
定　　价：218.00元（全9册）
发行电话：（010）85924663　85924644　85924641

✒ 文字　[韩]权恩雅

毕业于首尔大学化学专业，毕业后，一直从事与策划创作和科学教育有关的工作。现在主要创作各种儿童科普图书。策划兼创作的作品有《扎实的小学科学概念词典》等；创作的作品有《科学博物馆》《改变世界的科学家50人特讲》等。

🎨 插图　[韩]元慧珍

在大韩民族出版漫画创作学校学习漫画。主要作品有历史漫画《啊！巴勒斯坦》；插图作品有《用书盖房子的鳄鱼》《弗兰肯斯坦和略懂哲学的怪物》《宇宙中有几个村子呢》《怪物科学4：细胞呀，分裂吧！变多吧》《通过图画看世界史1：古代的故事》等。

哇，科学有故事！（全33册）

扫一扫
看视频，学科学